筑境

中国精致建筑100

屋顶

楼庆西 撰文摄影

中国建筑工业出版社

出版说明

中国是一个地大物博、历史悠久的文明古国。自历史的脚步迈入新世纪大门以来，她越来越成为世人瞩目的焦点，正不断向世人绽放她历史上曾具有的魅力和光辉异彩。当代中国的经济腾飞、古代中国的文化瑰宝，都已成了世人热衷研究和深入了解的课题。

作为国家级科技出版单位——中国建筑工业出版社60年来始终以弘扬和传承中华民族优秀的建筑文化，推动和传播中国建筑技术进步与发展，向世界介绍和展示中国从古至今的建设成就为己任，并用行动践行着“弘扬中华文化，增强中华文化国际影响力”的使命。从20世纪80年代开始，中国建筑工业出版社就非常重视与海内外同仁进行建筑文化交流与合作，并策划、组织编撰、出版了一系列反映我中华传统建筑风貌的学术画册和学术著作，并在海内外产生了重大影响。

“中国精致建筑100”是中国建筑工业出版社与台湾锦绣出版事业股份有限公司策划，由中国建筑工业出版社组织国内百余位专家学者和摄影专家不惮繁杂，对遍布全国有历史意义的、有代表性的传统建筑进行认真考察和潜心研究，并按建筑思想、建筑元素、宫殿建筑、礼制建筑、宗教建筑、古城镇、古村落、民居建筑、陵墓建筑、园林建筑、书院与会馆等建筑专题与类别，历经数年系统科学地梳理、编撰而成。本套图书按专题分册，就其历史背景、建筑风格、建筑特征、建筑文化，结合精美图照和线图撰写。全套100册、文约200万字、图照6000余幅。

这套图书内容精练、文字通俗、图文并茂、设计考究，是适合海内外读者轻松阅读、便于携带的专业与文化并蓄的普及性读物。目的是让更多的热爱中华文化的人，更全面地欣赏和认识中国传统建筑特有的丰姿、独特的设计手法、精湛的建造技艺，及其绝妙的细部处理，并为世界建筑界记录下可资回味的建筑文化遗产，为海内外读者打开一扇建筑知识和艺术的大门。

这套图书将以中、英文两种文版推出，可供广大中外古建筑之研究者、爱好者、旅游者阅读和珍藏。

目录

屋顶

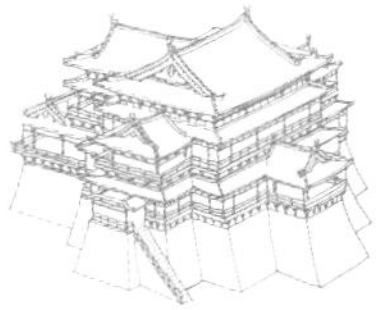

中国古建筑与西方古建筑相比，它具有几个显著的特点，第一，它是以木结构为主要构架体系，在房屋的基座上立木头柱子，柱子上架以梁和枋，梁枋上盖以屋顶，全部屋顶的重量都由梁枋经立柱传至地面，房屋的墙体只起隔断的作用而不承受房屋的重量，所以才有中国房子“墙倒屋不塌”的现象。第二，就每一幢单体房屋来说，体量都不大，平面也很简单，多作规则的长方形。中国建筑是以单幢房屋组合成群体来满足多方面的功能需要的，它们不像古罗马的斗兽场、浴室，也不像文艺复兴时期的教堂、府邸那样高大而复杂。第三，很注意建筑艺术的处理，无论对群体和个体建筑，都着意于它们整体形象的塑造，善于对建筑的各个结构部分进行美的加工，成为自然而妥帖的装饰。

从总体形象看，一般古代建筑多可分为屋顶、屋身和基座三个部分，而在以木结构为体系的中国建筑上，屋顶和屋身部分几乎占着同样大小的体量，但是由于屋顶居上，比屋身更为显著和突出，所以它自然成为中国古代建筑外形塑造的重要部位，成为建筑装饰的集中场所。人们站在北京景山上俯视紫禁城，会看到一片黄色的宫殿有如闪烁着金光的海涛在阳光下闪闪发亮，这海涛就是由紫禁城上千幢房屋的屋顶组成的。人们步入颐和园，从开阔的昆明湖仰望万寿山，最引人注目的是山中央那一组金黄色的宫殿建筑群，在四周绿树的衬托下，它们显得那么灿烂耀眼，成为这座皇家园林的标志和整座园林景观构图的中心，这灿烂醒目的金黄色也是由这组排云殿建筑群的屋顶组成的。

图0-1 紫禁城/左图
明、清两代的宫城，主要宫室太和殿、中和殿、保和殿、乾清宫、坤宁宫等都放在中央轴线上，殿堂全部用黄琉璃瓦顶，在阳光照耀下，组成一幅金色的海涛。

图0-2 颐和园万寿山上的佛殿/右图
排云殿、佛香阁、智慧海原为清漪园时期的几所佛殿，清朝后期的朝会盛典也在排云殿内举行。这一组建筑位居万寿山前麓中央，沿着山势由低到高，红色殿身，黄琉璃瓦顶，在四周松柏常青树木衬托下，显得十分醒目。

图0-3 上海龙华寺屋角
该寺著名的佛教寺庙，有大雄宝殿、三圣殿、金刚殿、弥勒殿、钟鼓楼等建筑，都采用南方建筑形式，屋顶大，屋角起翘很高，仰望几层尖尖的屋角，直插云天，景象动人。

图0-4 涌泉寺屋顶
位于福州鼓山的涌泉寺为福州五大禅寺之一。寺创建于五代，现存建筑为清代重建。殿堂都为南方建筑形式，屋顶高而屋角翘，在造型上减轻了硕大屋顶的沉重感。

上海的豫园、龙华寺、玉佛寺是大上海为数不多的几处著名古迹胜地，人们到这里游览，除了看到精致的湖池山石，热闹的佛堂以外，那些佛殿、宝塔上高耸的大屋顶和屋顶上高高升起的屋角也会给人们留下深刻的印象，这些屋角，造型是那么尖细，向上翘得那么高，由屋面升起，直冲云霄，使硕大的屋顶，乃至整座建筑都变得轻巧而舒展了，正是这种屋顶的特殊造型构成了南方古建筑独有的神韵。

可以这样说，神奇的大屋顶已经成为中国古建筑具有代表性的标志了。它们的造型，它们的装饰与色彩反映了我国古代神秘而又丰富多彩的文化，凝聚着古代劳动艺匠的聪明和智慧，它们是中国古代建筑艺术中很重要的一个部分。

一、如翚斯飞的曲线

图1-1 宫殿屋顶
北京紫禁城宫殿建筑的屋顶都呈向下凹的曲面，两个屋面相交的斜向屋脊也成为下凹曲线。四个屋角都微微向上翘起，称为“起翘”。

中国古建筑的屋顶除了体量大以外，最重要的特点是弯曲的面和线。北京紫禁城从最主要的宫殿建筑太和殿、乾清宫到御花园的万春亭、千秋亭，它们的屋面，从顶上的屋脊或者宝顶到下边的屋檐都是一个向下弯曲的凹弧面：从立面上看，屋檐的四个角都向上微微翘起，称为“起翘”；从平面上看，四个屋角还向外微伸，使屋檐成为一根和缓的曲线，称为“出翘”，也叫“翼角斜出”。在南方一些寺庙建筑和民宅上，不但屋面是弯曲的，而且连屋脊也是中间低，两头起翘而呈曲线形。有的房屋的屋檐从中间就开始往两边起翘，到了屋角翻卷上天，使整个屋檐成了一条弯度很大的曲线。可以说中国建筑的大屋顶处处都呈现出曲线的美，那么，这种在世界建筑中很少见的现象是怎样产生的呢？我国学者从多方面进行了研究，归纳起来，大致有几方面的原因。

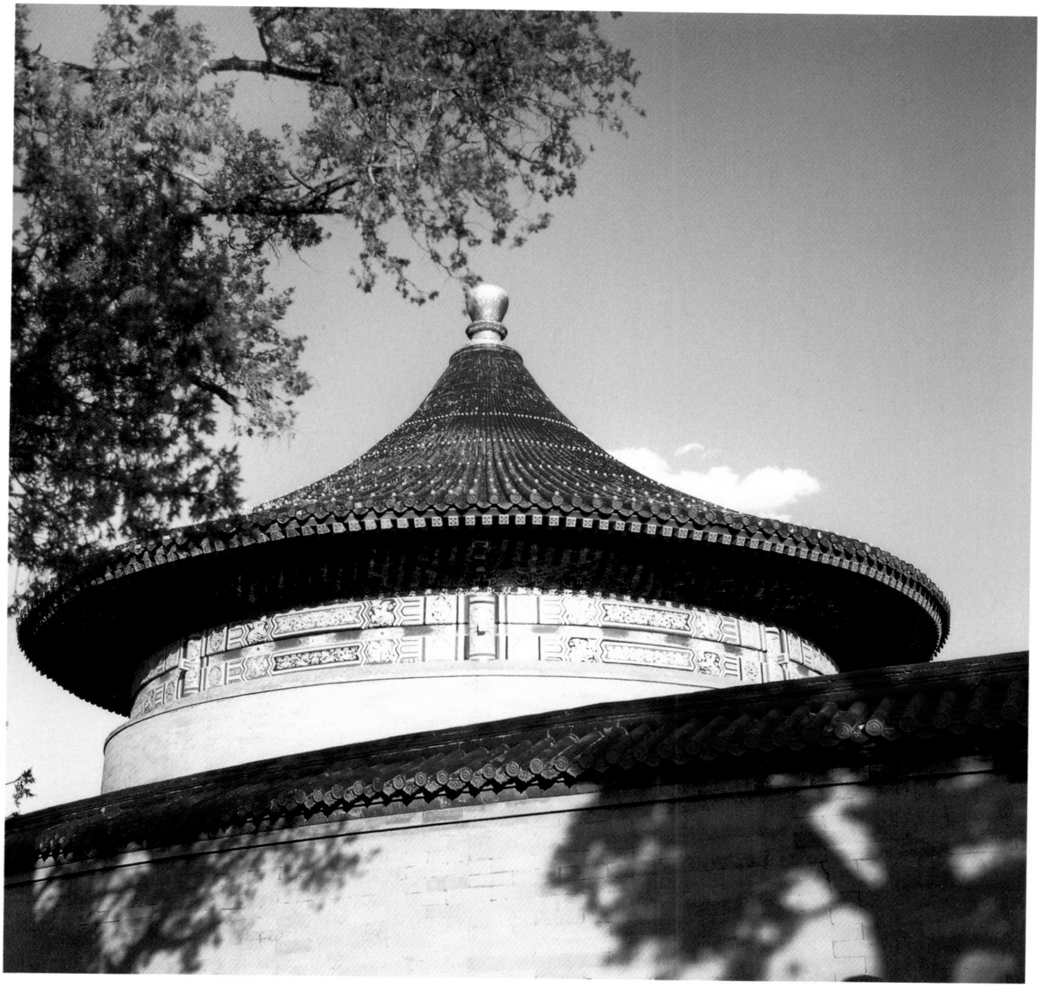

图1-2 皇穹宇

皇穹宇为天坛祭天建筑之一，平面采用圆形以象征“天圆地方”之说。屋顶为圆形攒尖顶，自中央的宝顶至屋檐，整个屋面呈向下凹的曲面，使大圆屋顶避免了僵硬之感而富有韵味。

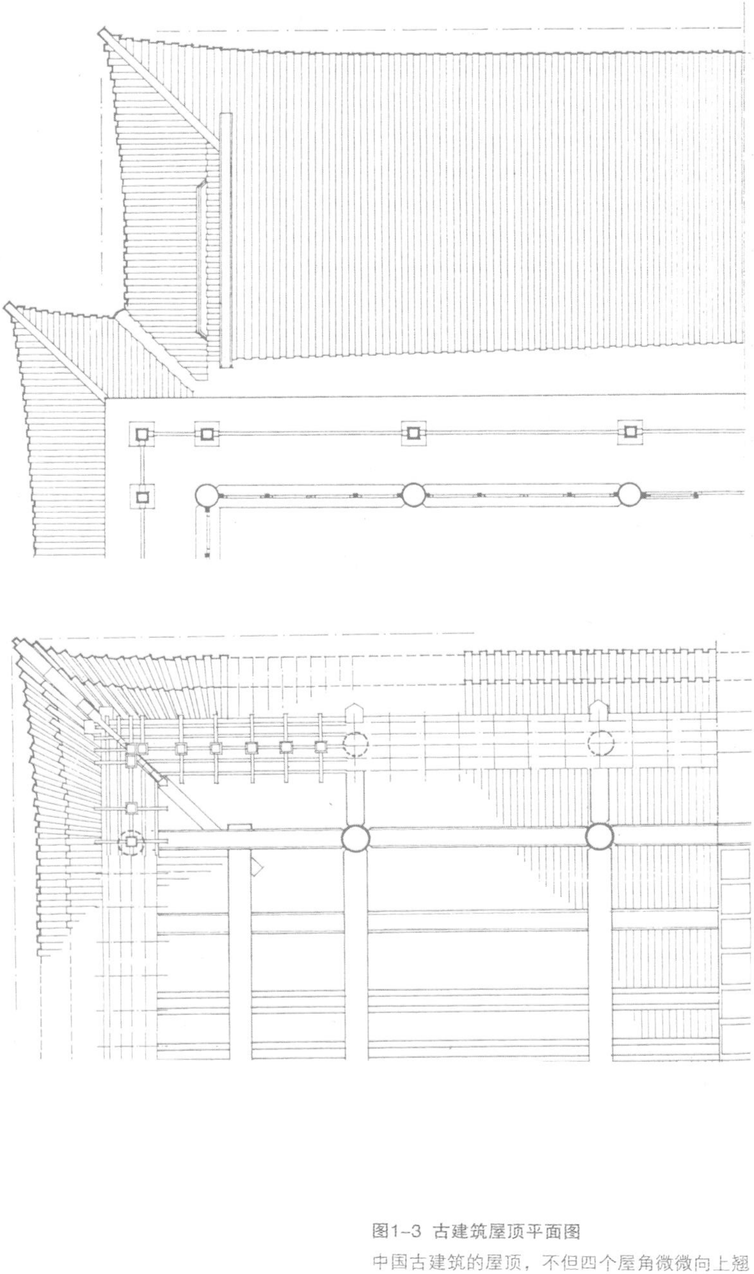

图1-3 古建筑屋顶平面图

中国古建筑的屋顶，不但四个屋角微微向上翘起，而且在平面上还向外斜出，称为“翼角斜出”。这种特殊的造型自然给结构带来了麻烦，使承托出檐的椽子到屋角处都要加大尺寸，进行特殊的加工。

第一，从功能上看，屋顶做成曲面形，便于房屋的采光和屋顶的排水。《考工记》上说到古代的车顶篷是“上尊而宇卑，吐水疾而霤远”，“盖已卑，是蔽目也”；《两都赋》也说：“上反宇以盖载，激日景而纳光。”古代车上多用布篷，上边撑得很高，檐边举得很平，使车篷盖上尊而下卑呈曲面形，这样，可以使自顶篷流下的雨水排得比较远，也可以少遮挡光线，使篷下比较亮堂，坐车人便于远视前方。这种车篷的形式大大启发了工匠，将它们应用在屋顶上，就出现了上面陡峻而下面平缓和凹曲形坡屋面。

第二，从构造上看，这种弯曲屋面的出现有一个过程。古代早期房屋的台基和墙体都用夯土筑造，夯土怕水，而一般屋顶的出檐又不足以保护墙和台基不受雨淋，于是在屋檐下往往加建一排小檐廊，这种檐廊的屋顶与房屋屋顶形成上下二层阶梯形的屋面。经过长期的发展，为了便于采光，这种附设的檐廊立柱上了房屋的台基，廊的屋顶也与房屋顶相连而成一折面，这种折面久而久之就变成连续的曲面了。另外还有一种观点是从屋顶施工上考虑，因为中国建筑屋面上的瓦件和构造部分很重，直接压在一段段称为椽子的短木上，日久天长这种椽子难免不被压弯而使整个屋面发生波浪状的变形，为了避免这种可能产生的现象，干脆预先将屋面做成向下的曲面以掩饰以后的变形。

图1-4 观音阁
观音阁具有浓厚的地方民间建筑风格，造型粗犷。它的两层屋檐不但在屋角处起翘，而且从中央部分就开始向两边斜起，使屋檐变成一条富有弹性的连续曲线。

图1-5 福州鼓山涌泉寺大殿屋顶/对面页
曲面造型也很突出，两层屋檐从中间起就向两边斜起，直至屋角向上高高翘起。不但屋檐如此，连屋顶正脊也变成了一条两头向上翘的曲线，这种做法在北方宫殿建筑中很少见到。

第三，认为这种曲面的产生就是出于美观的考虑。中国建筑的木结构使它产生了很大的屋顶，这屋顶自然需要进行艺术加工，从一般的美学考虑，和缓的曲线总比僵硬的直线要美，显得比较柔和，而木结构又使这样的加工成为可能而且方便，于是产生了弯曲的屋面和屋檐。文人雅士形容古代建筑："如跂斯翼，如矢斯棘，如鸟斯革，如翚斯飞，君子攸跻。"（《诗经·小雅·斯干》）这种浪漫主义的描绘更加促使匠师们精益求精地创作和制造，于是屋顶的曲面越来越明显，形式也越来越多样了。

从建筑形式形成的一般规律来看，开始总有其物质功能和构造上的需要，以后经过美的加工而逐渐成为带有艺术性的形象。中国建筑的屋顶大概也离不开这种规律。总体来说，为了便于檐下采光和利于屋面排水，这种物质

上的要求，加上木结构便于加工的条件，遂产生了屋顶的凹曲面形式，这种形式一旦被广大的工匠认同，便成为建筑造型的重要手段，在不断的实践中又使这种手段进一步得到发展和完备，于是，屋顶的艺术形象也变得更加丰富多彩了。

二、举折、举架和起翘

当我们观察北京紫禁城众多的宫殿建筑时，可以看到它们屋顶的坡度都是上面比较陡，下面比较平缓，而且这些屋顶的坡面斜度也比较一致。如果我们再观察一下唐、宋、辽、金时期留下的一些寺庙建筑，例如山西五台山的南禅寺、佛光寺大殿，山西大同的华严寺、善化寺大雄宝殿，河北蓟县独乐寺观音阁，这些早期殿阁建筑的屋顶，与明、清时期建筑相比，不但体量大，而且屋面的坡度都比较平缓。这种屋顶形象的明显不同已经成为我们判断古建筑历史时期的主要标志之一了。那么，这种现象是不是偶然的呢？在建造这些房屋时是否有一定的制作规范呢？在我国古代浩如烟海的文献中，对建筑作一般文字描绘、赞叹的作品不少，但真正属于建筑技术方面的古籍却寥寥可数。幸运的是，在宋《营造法式》和清《工部工程做法》这两部仅有的建筑法规专著中，记载下了关于屋顶坡度和屋角起翘的做法。屋顶坡度的做法在宋代称“举折”，在清代称“举架”。

图2-1 汉代辎车图

展现了古代马车的形象。车身上的顶篷是用布或者用竹、草编织的软席做成，曲线形，篷顶前檐坡度平缓，有时甚至向上反翘，为的是便于乘车者向前远视。传说这种形式应用在屋顶上就产生了屋面的曲面造型。

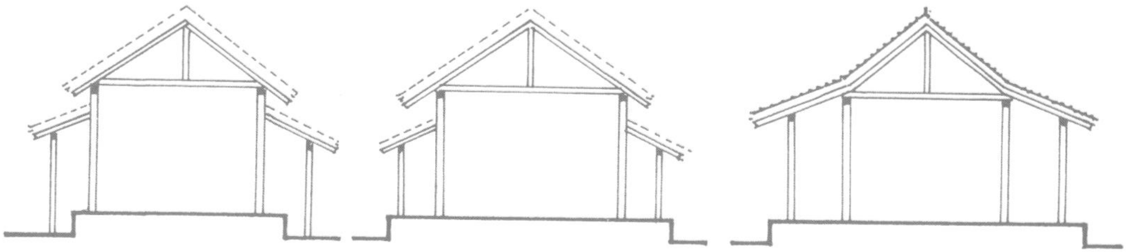

图2-2 曲面屋顶形成过程
这是从房屋构造的发展看中国古建筑曲面屋顶的形成过程。原始房屋前后檐廊心正屋分作上下两层屋顶，后来两层屋顶相连接而成折面形屋顶，再逐步发展而成了曲面屋顶。

在介绍举折、举架之前，有必要先将古建筑的一些基本名称作一解释。一幢房屋，左右横向的宽度称“面阔”，前后的深度称“进深”，通常在房屋正面开设门窗，左右两头是实墙，这两头的墙称“山墙”，所以房屋两侧面称“山面”。屋顶部分是在立柱或梁、枋上架设横向的檩子，檩子上面密布纵向的椽子，椽子上铺设屋面，所以房屋的进深又常以檩子的多少来表示。同一水平高的檩子谓之一“架”。

宋代朝廷颁布的《营造法式》是一部记载当时宫式建筑做法、用料、用工等内容带有法规性质的书，法式中对各类建筑屋顶的高度计算都有明确的规定，概括地说就是以房屋的进深为基数，例如，殿阁楼台类建筑，屋顶最上面脊檩之高等于房屋深度的1/3；厅堂廊屋类建筑脊檩之高略等于进深的1/4；脊檩高度确定后，再从上到下逐架檩折下来，第一架向下折总高度的1/10，第二架下折总高度的1/20，依次往下，三架下折1/40高，四架下折1/80高。先把最上面的脊檩举到规定高度，然后逐架下折，求得各架檩的高度，因此称为举折。举折的结果是得到了一条上陡而下缓的凹曲形屋面。而且按照举折法，建筑越大，屋顶便举得越高，反之，如廊房小屋，屋顶便很小，这样就保证了主要建筑在一组建筑群中的突出地位。

图2-3 举折和举架方法
从这两张图上可以看到，宋清两个时期建筑屋顶的高度虽然都取决于房屋的进深大小，但由于举折和举架的方法不同，使清代建筑屋顶的坡度高峻于宋代、辽代的建筑。

清代的举架法与宋代举折法不同，它先不定脊檩的高度，而是从最下面的一架檩开始，第一架举五举，即举起檩间距的5/10高度，第二架举六举，即举起檩间距的6/10，

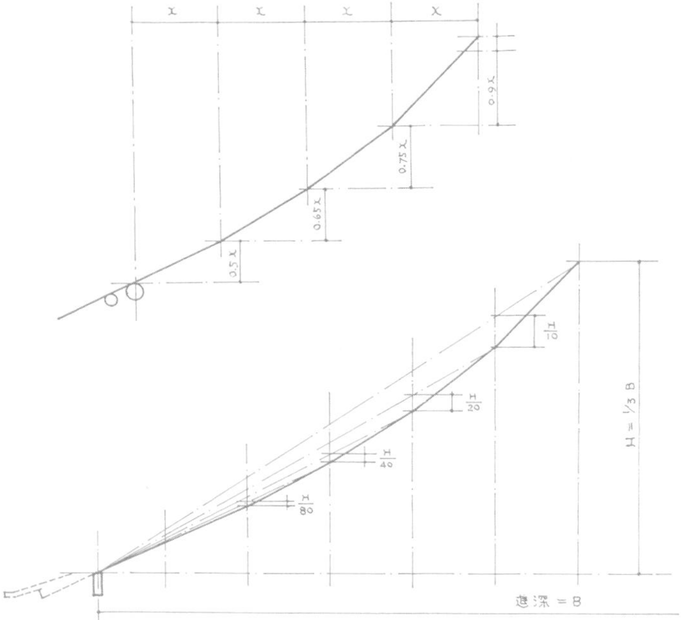

1. 房屋面阔
2. 房屋进深
3. 山墙
4. 立柱
5. 梁
6. 枋
7. 檩
8. 椽
9. 正脊
10. 吻兽
11.垂脊

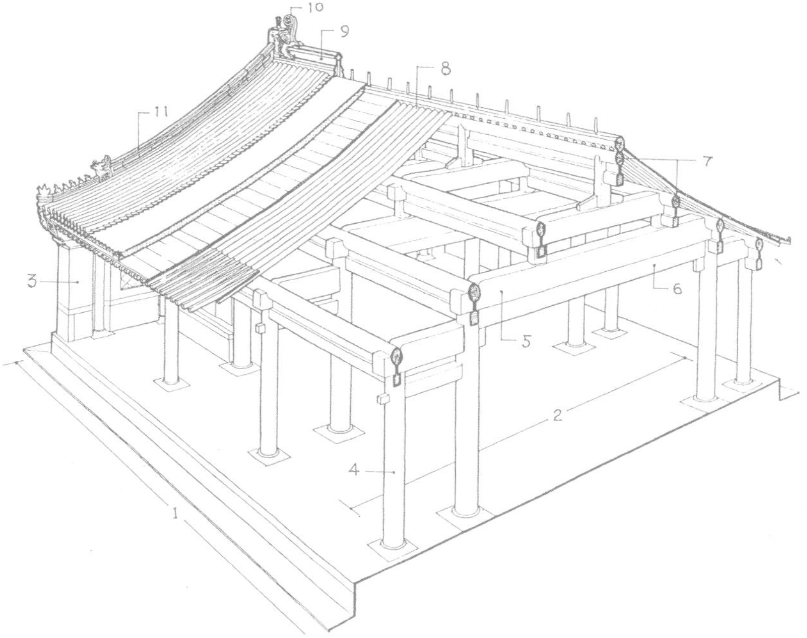

图2-4 木结构体系

中国古建筑主要特征之一是采用木结构体系，从地面以上屋面以下的房屋结构全部由木料制作，其中有立柱、梁枋、檩、椽等等构件，而房屋的墙体则由砖砌筑，但并不承重，所以从这张构架图上可以看出中国古建筑为何能够“墙倒屋不塌”的原因。

依次向上，第三架六五举，然后七举，直至九举，在一些攒尖顶的亭子上甚至有用十举的。这样随间架逐架往上举的方法称为举架。由五举开始，逐级往上，形成了“上尊而下宇”的凹曲形屋面，如果计算一下它的坡度，在有九檩的较大殿堂上，脊檩之高约等于房屋进深的1/2.8；七檩房屋脊檩高约为进深的1/3；所以形成了清式建筑的屋顶坡度高峻于宋、辽时期建筑屋顶坡度的现象。

各地区地方建筑屋顶的做法多有各地工匠自己所熟悉的方法，这种民间做法虽和举折、举架并不完全相同，但它们所采用的原则却是一致的。

屋顶四角的起翘确与屋顶的结构有关。古建筑的出檐，靠的是在檐檩上伸出的椽子，为了加大出檐，椽子还分作“檐椽”和它上面的“飞椽”，两层相叠，挑出在檐檩之外。这两层椽子到了屋角处，因45°斜角的关系，需要加长长度，为了加强坚固性，用较大的角梁代替了椽子，角梁与正面成45°斜架在正侧两面檐檩的交点上，它与椽子一样，分上下两层，下面的称“老角梁”，上面的称“仔角梁”，它们的厚度都等于椽径的3倍，长度自然也比椽子长。屋面的结构是在椽子上满铺望板，望板上再铺瓦面。为了保持望板的连续，位于四个屋角处的椽子必须逐渐升高而使椽子上皮与高出两个椽径的角梁上皮相平，于是从立面上看，这并列的椽子头成了一条两端翘起的曲线；从平面上看，这四角的椽子除了抬高

图2-5 屋角出檐

因为屋角处的出檐比较深远，角上的椽子需要改成为角梁，使房屋的四个屋角产生了向上的起翘。在北方建筑的角上，两屋角梁只造成屋角的微微起翘；但在南方建筑的角上因为要造成高峻的起翘，所以需要将仔角梁架立在老角梁之上，才能解决这种特殊造型的需要。

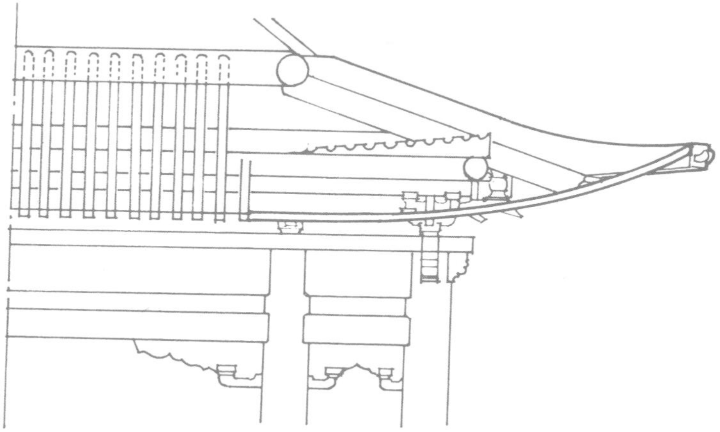

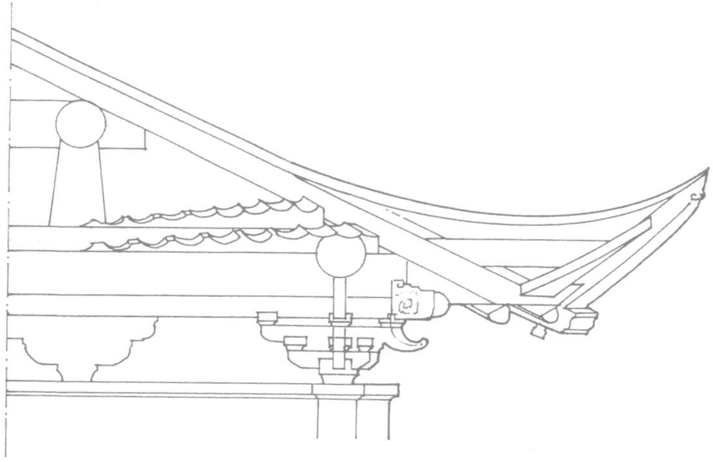

以外，还要逐渐加长而最后与斜出的角梁头相接，从而造成了向外的翼角斜出，斜出的宽度相当于3个椽径。

在南方一些寺庙殿堂和一些亭子上，为了使屋角高高翘起，特别把角上的仔角梁（南方称嫩戗）斜立在老角梁（老戗）上，椽子到了角上也随着往上倾斜，直到与仔角梁相连，这种斜立于四个角上的飞椽称为立脚飞椽。如果说北方建筑的屋檐起翘完全是由于合理的屋顶结构造成的，那么，南方建筑的这种飞翘只能说是单纯为了屋顶造型的需要而让木结构为它服务。

三、从硬山到庑殿

以建筑群体组合为特点的中国古代建筑，就其单幢房屋而言，它们的平面形式是相当简单的。北京紫禁城建筑多达千幢，大至太和殿，小到一幢朝房，它们的平面都是简单的长方形，只有少数在园林里的亭子之类的小建筑，平面形式才出现一点变化。平面的规则形状导致了结构形式的相对统一和规范化，但是为了打破由此而产生的建筑外形的单调和统一，古代工匠在房屋的屋顶上做起了文章，他们在结构形式统一的基础上创造出了各种式样的屋顶，并且在长期的实践中逐渐规范化而形成了“硬山”、“悬山”、“庑殿”和“歇山”等几种最基本的形制。

中国建筑的屋顶多为坡顶，两个坡面相交而成为屋脊，在屋顶最高处与正面平行的脊称“正脊”，与正面垂直或成45°的斜脊称“垂脊”，有时这种斜脊又称为“戗脊”。硬山屋顶就是前后两面坡的屋顶，在前后两面或只在前面有出檐；在两边山墙上，屋顶的檩子、椽子等木构件都不露出而全部封闭在墙内，山墙自地面一直到顶与瓦面相连。悬山屋顶也是前后两面坡，它与硬山屋顶不同之处是除前后出檐外，屋顶在两头山墙也挑出檐，所以又称为“挑山”。庑殿屋顶是前后左右四面都有坡屋面，前后两面相交成正脊，前后面与左右坡面相交而成四条垂脊，所以庑殿也称为“五脊殿”。歇山屋顶可以看做是庑殿顶与悬山顶二者的重叠：上半部是悬山顶，下半部是庑殿顶。这样，在屋顶上除了有正脊和垂直方向的四条脊外，还有成45°斜向的四条脊，为了与

图3-1 屋顶形式

房屋平面只是简单的长方形、方形、圆形，用的全是木结构，但却产生了如此多样的屋顶形式，说明了古代工匠具有多么丰富的创造力。

垂直方向的垂脊相区别，这种斜向的脊在这里称戗脊，所以歇山屋顶也可称为“九脊顶”。

硬山、悬山、歇山、庑殿可以说是中国古建筑屋顶四种最基本的形式。其中的歇山、庑殿两种屋顶有时在下面又加设一圈屋檐，称为重檐。在硬山、悬山、歇山屋顶上，又有做正脊和不做正脊两种形式。不做正脊是让屋顶的两个斜面相交处形成弧形，称为卷棚顶。这样四种屋顶的基本形式，加上单檐、重檐，有脊与卷棚的变化，使它们的式样丰富起来了。这四种屋顶因为它们各自在构造上有难易之分，在形式上有复杂和单纯的不同，所以在使用上形成了等级的差别，按硬山、悬山、歇山、庑殿；单檐、重檐，卷棚、有脊的次序，等级依次升高。

图3-2 杭州三潭印月

这是在西湖中央著名的水上风景园林，建筑多小巧玲珑，平面形式不拘一格，有方有圆有三角形，屋顶形式轻盈活泼，与北方宫式建筑相比，迥然异趣。

图3-3 大政殿

沈阳故宫是清朝初期入北京以前的皇宫，大政殿是主要殿堂之一，平面为八角形，重檐攒尖式屋顶。这种形式多用于寺庙、园林建筑上，很少见于宫殿建筑，这说明清初时期在礼制上还没有完全汉化的状况。

图3-4 封火山墙

江南地区的民间住宅多采用这种封火山墙，它的功能是防止房屋着火后的火势蔓延，在形式上却成了这个地区建筑造型的典型式样。

中国古代建筑除了多数为规则长方形平面以外，在庭园或附设建筑中也有平面呈正方、三角、六角、八角和圆形的亭、榭建筑。在这类建筑上常采用一种称为攒尖式的屋顶，就是屋顶随着平面的形式，做成三面、四面、六面、八面或圆形的坡面，由四围檐口向上集中到中央一点即为“宝顶”。这类攒尖顶除了圆形外，一般有几个坡面就有几条脊，这些脊随着屋面向上交会于宝顶。

在各地方，由于建筑材料的不同，气候的差异，虽然房屋平面也是简单的长方形，但屋顶却产生了不同的形式。西藏、青海地区，由于石料丰富，常年雨水又稀少，房屋外墙多用石造，屋顶则密布木梁做成平顶，省去了复杂的坡屋顶结构。在陕北、东北一些地区，也由于雨量少，木料短缺，许多农村建筑也用比较简单的枋子、椽子，上面铺以草秸抹泥做成坡度很小的平顶和弧形的囤顶。陕西、山西有的地方为了取得屋顶下面的空间，将屋顶做成向后的一面坡形式。在江南地区，为了建筑的防火，多将房屋的山墙升高超出屋面，在各户之间筑起一道防火山墙，形成了这个地区特有的一种屋顶形式。新疆、内蒙古的游牧区，为了迁移方便，创造了圆顶的蒙古包住宅，这种圆顶形式也常用在清真寺的礼拜堂上，称为穹隆顶。这种穹隆顶不仅在外形上具有特点，而且在室内造成一个没有梁柱的大空间，便于创造一种宗教的神圣环境。北京紫禁城中轴线上最后一座大殿是在御花园里的钦安殿，是一座供奉北方玄武神的殿堂，它的屋顶是将重檐庑殿顶的上部切掉，形成一块水平面，四周有脊与四个坡面相交，这种形式称为“盝顶”，这是很少见到的形式，可以说是庑殿顶的一种变体。

四、从鸱尾到正吻

图4-1 正脊两端饰件

自从房屋正脊两端的构件成了具有象征意义的装饰以后，它们的形象有一个发展变化的过程，大体上是由以鱼形为主到以龙形为主。在这里，海中的鱼和天上的龙尽管都具有消火镇邪的作用，但毕竟龙更有神圣的意义。

图4-2 正吻/对面页

太和殿是北京紫禁城最重要的大殿，不仅规模最大而且装饰也最华丽。正脊两端的正吻高度就有3米多，只因为它高踞屋顶，离地面有30多米，从下仰望不觉其大了。

在宫殿、寺庙等类型建筑的屋顶上，可以看到在正脊的两端，在垂脊、戗脊的前面多有琉璃的、陶制的或者泥塑的各种装饰。这些装饰物不但使屋顶的外观显得更加庄严、华丽，而且丰富了屋顶的轮廓线。一般来说，建筑装饰都不是凭空产生的，而是对建筑结构或构件的美的加工结果。屋顶上的装饰物也同样如此。屋顶上前后两个坡面相交而成为正脊，在这里，需要有一些瓦件扣压住两个坡面的瓦以防止漏水，所以才形成了高出屋面的一条脊背；在这条脊背的两头，因为它又是几条垂脊（硬山、悬山、歇山屋顶）或者是三个屋面（庑殿顶）的会合点，更需要有瓦件封盖住下面的结构，因而在这会合点上产生了较大的构

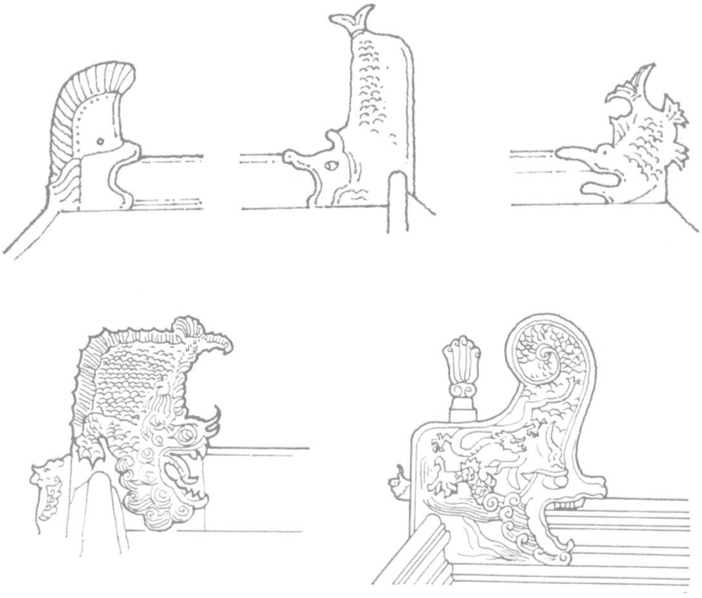

件。我们从秦、汉时期地下墓室中的建筑明器上就可以看到，人们很早就知道对这些屋脊和屋脊上的交会点进行美的加工了。那么，为什么这正脊两头的构件被加工成为兽类的形象呢？所谓美的加工，往往离不开美的形式所反映的内容，我们从历史上留下来的大量工艺品中可以清楚地看到这种现象。彩陶产生于新石器时期，那还是五六千年以前人类的原始时代，生产水平十分低下，人类依靠狩猎为生，但是就在当时人类用的这些日常生活用品陶器上，已经有了美的加工，有了鱼、鸟、鹿、猪等动物的形象和松、葫芦、花叶等植物的纹样，这说明人类已经知道把这些在日常生活中接触到而且认识了的动物、植物作为一种装饰描绘到日常器具上以产生美化的作用。三四千年以前，中国历史进入到夏、商、周时期，出现了作为礼器的青铜器，在这些铜器上更布满着装饰花纹，其中用得最多的是饕餮和夔龙，它们是当时氏族社会的一种图腾符号，具有原始宗教的意义，反映了人类的一种原始信仰。这些现象告诉我们，一个时期的装饰，就其内容来看，总是反映了那一个时代的物质生活和精神生活的内容。中国建筑以木结构为构架体系自有其加工较容易，建造速度快，抗地震等优点，但也有怕火、易受腐蚀等不利的一面。尤其是怕火，天上的雷击和人间的烟火，这种常见的天灾人祸给中国建筑造成很大的威胁，明永乐十八年（1420年）完成了宫城（紫禁城）的建设，但就在第二年，宫城最大的太和殿就受雷击而被大火烧毁。在当时还不能科学地认识雷击这种现象，更不能有效地防止这种现象的情况下，人们只能求之于迷信和巫术，据《太平御览》记载：“唐会要目，汉相梁殿灾后，越巫言，‘海中有鱼虬，尾似鸱，激浪即降雨’，遂作其像于尾，以厌火祥。”宋代彭乘所编《墨客挥犀》中也记有“汉以宫室多灾，术者言，天上有鱼尾星，为其形，冠于室以禳之。”鱼尾星或者鱼虬到底是什么样子，从《太平御览》中描写的“尾似鸱，激浪即降雨”可以想到，海中最大的鱼类即鲸鱼，鲸遨游大海呼气可喷出水柱，可能鱼虬即鲸。总之自汉代以后，鱼的形象上了屋顶，被安到正脊两头成了原有节点的形象，可以说，这种鱼虬是作为人们所崇敬的水神被请到屋脊上以镇火灾的。后来，我们将这种鱼神称为“鸱尾”，成了房屋正脊两头装饰的专门名称了。遗憾的是，汉代木建筑没有留存到现在的，使我们无法见到最初在屋脊上鸱尾的形象，只能在唐、宋时期的建筑上去欣赏这种灭火的神鱼了。值得注意的是，到了唐代以后，这种鸱尾的形象有了一些变化，它的尾部仍保持原状，而它的头部却越来越向龙的形象演变，而且张着大嘴，含吞着屋脊，外形与正脊结合得更紧密，成为屋脊整体中不可分割的一个部分了，它的名称也由鸱尾改称为“鸱吻”。自从龙成为我们民族的象征以后，它的形象大量地出现在建筑装饰中，尤其在皇家宫殿建筑的装饰里几乎到处都是龙的图像。“飞龙在天”，龙被认为是天上的神兽；龙又是海里诸兽之王，海底龙宫就是它的家，一般鱼类需作长期修炼才能

“鲤鱼跳龙门”而成为龙族。在人们心目中，它既能管住天上的雷公，又能指挥海中诸兽，是集中天上海底大权、无所不能的神兽。因此把龙的形象搬上屋顶，用龙来代替鱼虬就是很自然的事了。我们在唐、宋至明、清各个时期的建筑屋顶上，可以见到各种形式的龙头、鱼身、鱼尾的鸱吻，它们的造型随着不同性质、不同大小、不同地区的建筑而变化，呈现出千姿百态的式样，人们把它们归属于龙族之列，成为龙生九子之一，并赋予它好望与好吞的性格。在少数建筑的屋顶上，几乎从头到尾都变成龙形，龙替代了龙子的地位，鸱吻也变为龙吻了，因为它们位于房屋的正脊，所以也称为“正吻”。由汉代的鸱尾发展成鸱吻、龙吻，其间经历了漫长的历史，但是无论是鱼虬还是神龙，它们只能是一种屋顶上具有象征意义的装饰，并不能起到真正的避雷防火作用，一直到1958年，才在重要的古建筑上安装了避雷针，终于解决了雷击灾害问题。

图4-3 屋脊上成排走兽

宫殿建筑屋顶角上的装饰是很丰富的。在每一排瓦头上有琉璃钉帽，在瓦当、滴水上有花纹，在屋脊上有成排走兽，在角梁头上有套兽，有的在木椽子上还绘有彩画。

五、龙之子——走兽

屋脊上除了正脊之外，还有几条垂脊，在歇山屋顶上还有戗脊，在这些屋脊上的装饰又是怎样产生的呢？我国北方地区屋顶上多用筒瓦和仰瓦覆盖着屋面，这些筒瓦由下往上一个压覆着一个直至顶上的正脊。由于屋顶的坡度，使筒瓦产生了向下滑动的力量，为了防止它们的下滑，便将最下面一块筒瓦固定在屋面上。它的做法是在这块筒瓦上留有一小圆孔，用铁钉通过小孔将瓦钉在屋面下的望板上，为了防止雨水从这个钉孔中流下腐蚀屋面下的木结构，又在露出筒瓦上的钉子头上盖上一个琉璃小帽，称为帽钉。所以在琉璃瓦的大屋顶屋檐上都有一排小帽钉，在有些面积很大，坡度很陡的屋顶上，这种钉帽除了在屋檐上有一排之外，在上面还加了一排甚至两排，使几处被固定的筒瓦分段承受上面瓦的推力。同样，在屋顶的垂脊、戗脊的下部也有这种帽钉。将这种帽钉加以美化就成了一种屋顶上的装饰了，其中，突出于屋脊上的帽钉自然成为装饰的重点，于是出现了垂兽、戗兽和其他的装饰物。

正如正吻的形式所表现的寓意那样，在垂脊、戗脊上的装饰物的形象自然也离不开那个时代的社会思想。龙是宫殿屋顶上最常见的形象，但是单一的龙稍嫌孤独，所以在它的后面增加了凤凰、狮子等其他象征吉祥、威武的瑞兽，于是一个筒瓦帽钉引来了一串装饰，在屋脊上形成一组动物行列，并且在最前面有一位仙人骑在小兽身上作为领队，合称“仙人走兽”。那么，这屋脊上小兽究竟要放多少呢？它们的数目又有什么含义呢？在

a

b

图5-1 在屋脊上的走兽系列

这成了中国古建筑上常见的装饰，它们不仅在形象上有龙、凤、狮子等具有象征性的神禽异兽，而且在数目上也赋予神圣的意义，随着建筑等级的提高，走兽的个数也按一、三、五、七、九逐级增加。

古代阴阳五行学说中对数字十分讲究，认为宇宙万物皆分属阴阳，凡天地、日月、昼夜、男女莫不如此，连方向的上下、左右、前后和数字的单双、正负都分属阴阳。这中间，皇帝自然属阳，皇后属阴，单数为阳，双数为阴，所以帝王与单数是相应的，凡帝王的宫殿，装饰多呈单数出现。如北京紫禁城“前朝”是三大殿，而“后寝”为两宫。屋脊上的走兽也都是单数，而单数中九字为最高，因此九成了帝王象征之数。皇宫前的影壁上有九条龙；太和殿前皇帝走的御道也雕有九龙；屋脊上的小兽最多也是九个，紫禁城的太和殿、保和殿、乾清宫等重要大殿的屋脊上都有九只小兽，它们的次序为龙、凤、狮、天马、海马、狻猊、獬豸、斗牛、狎鱼；次要的殿宇如中和殿、交泰殿、太和门等屋顶上有七只小兽，再次要的为五只、三只，到了一些小亭子上只剩下一只走兽了。这里又产生了一个问题，在这些重要的大殿中，太和殿又属最主要的，它比保和殿、乾清宫毕竟还要高一级，怎样在屋顶的小兽装饰上体现这种差异呢？聪明的工匠想出了一个办法，在象征皇帝的九的数字不能突破的情况下，在狎鱼的后面又加了一个“行什”，它不是兽而是人，于是在太和殿的四条垂脊上出现了比别的殿多一个的走兽行列，前有引路的仙人，后有压队的行什，中间是九只神兽，在中国古建筑中，这可能是独一无二的孤例了。不知从什么时候开始，这个走兽系列也被归入龙族成为龙的九子之一了，并且取名嘲凤，赋予好险的性格。其实在这一排走兽中只有排头的那个是龙，而且还是只四脚动物，与常见的龙

图5-2 屋脊上生动的跃龙

在各地的寺庙、园林建筑上，屋脊上的装饰往往突破常规而直接用龙的形象。不过像承德须弥福寿之庙妙高庄严殿屋顶上采用如此生动的龙跃行于屋脊之上，也是很少见到的。

形并不一样。在河北承德须弥福寿之庙的妙高庄严殿屋脊上，干脆以真龙替代了变形的龙子、龙族。妙高庄严殿是一座四方形的大殿，重檐攒尖顶，在下檐的四条垂脊上，顶端的兽头形似龙头，后面鱼鳞状的脊背仿佛就是龙的身躯；上檐屋顶的四条脊上，上下各有两条行龙，龙的四只足骑行在脊背上，一只向下俯视，一只向上仰望着宝顶，从整体看，四条垂脊上的四条龙簇拥着中央的宝顶，使整个屋顶增加了动感。这种将整条龙体搬上屋顶的做法比用系列小走兽的形式既大胆又显得生动。

六、热闹的屋顶舞台

图6-1 屋顶上的法轮
法轮常为佛法的别称，因为佛法不停于一人一处，应辗转传人，犹如车轮故称法轮。用法轮形象于屋顶作装饰，象征着法轮常转，佛教昌盛。

图6-2 经幢/对面页
幢用于佛教中，是将经文书写于圆筒体上，称为经幢。它的形象也成了一种象征佛教的法器，用于屋顶作装饰，也象征着佛教昌运。

我们在前面介绍的屋顶装饰，从部位上看都在几条屋脊上，而且还集中在屋脊的顶端；从内容上多为神鱼和神龙之类的瑞兽。这类装饰常见于宫殿、陵墓等皇家建筑的屋顶上。但是从各地区的寺庙、园林、祠堂和大量的民宅上看，这些建筑屋顶上的装饰，无论在装饰内容和装饰部位上都要复杂和丰富得多。

我们在早期的秦汉画像石和明器陶屋上，可以看到当时屋顶上喜欢用鸟类和凤凰作装饰。凤凰即朱雀，它很早就与龙、虎、玄武并列为四灵兽之一，作为朝南方向的方位神，它象征吉祥、美丽，后来与龙相配作为皇后的象征性图案被广泛地用在宫殿建筑的装饰里。汉代以后，鱼虬、鸱尾因其特有的防火意义登上了屋顶，因而取代了凤凰等鸟类的形象，但在民间建筑上，鸟类并没有退出屋顶，仍被广泛地使用着。

佛教由印度传入后，带来了内容和形式都是崭新的佛教文化和造型艺术。这种现象在藏族喇嘛教地区和云南小乘佛教地区特别明显。西藏寺庙的屋顶上出现了卧鹿与法轮、法幢、金端等象征着法轮常转、佛教昌运的装饰，甚至把各种形式的小喇嘛塔也搬上了屋顶。这类装饰都用铜制造，表面镏金，光彩耀人，具有很强烈的装饰效果。在云南景洪西双版纳傣族地区，当地的佛寺屋顶上有陶制的小型宝塔、小法幢，也有孔雀和由火焰纹、卷草纹组成的装饰。卷草和火焰纹是佛教艺术中常用的装饰纹样，火焰纹常用于佛像后面作为背光花纹，卷草在佛教石窟的壁画、石刻中，在佛殿和佛像上被广泛使用在天轮、藻井、背光、佛衣等各个部位，因卷草利于组成连续花纹而常常用作边饰。现在，它们不但被用在屋面上，而且还被烧制成陶制的独立装饰物安放在屋脊上。孔雀象征着美丽幸福和吉祥如意，西双版纳素

图6–3 金顶

大昭寺为西藏著名佛寺，位于拉萨市中心，规模大，装饰精美。寺中松赞干布殿金顶是主要金顶之一，屋面全部用镏金瓦，屋檐、屋脊都有象征佛教文化的装饰，金光灿烂光彩夺目。

图6–4 屋顶上华丽边饰/后页

西双版纳地区的佛寺属南方佛教系统，佛殿层顶上的装饰别具一格，层脊不局限于用兽类，同时也用植物花草的形象，而且将这些装饰满排罗列于脊上，组成为佛殿屋顶上华丽的边饰。

图6-5 屋脊头装饰
在屋脊头上安一怪兽，后面用成排独立的卷草纹作装饰，而木雕的行龙却用在侧面的博风板上，这样的装饰在汉族寺庙建筑上是见不到的。

图6-6 正脊装饰/对面页
建筑正脊上排满了小型的卷草和花苞小柱，脊中央安放如佛塔塔刹式的杆状装饰，它对应在屋面中间还铺设了卷草与镜面组成的花纹，使屋顶形象更加丰富多彩。

有孔雀之乡之称，孔雀被用在屋顶上作装饰就是很自然的事情了。

在印度的雕刻、绘画中，常见到一种称为摩羯纹的装饰，摩羯是印度神话中的一种动物，被认为是河水之精灵，其身其尾形同鱼，唯头上长有长鼻，嘴中有利齿，这种装饰在印度的寺庙建筑上也常见到。摩羯纹随着佛教与印度文化传入中国后也被用到屋顶上，在南方一些寺庙、祠堂乃至民宅的屋顶鸱尾的位置上，常见有这种形象，因为摩羯本像鱼，很容易被用在正脊的两端作为厌火去灾的鸱尾，它张着嘴含着脊，身倒立，尾甩后，只有长鼻子变得很短，甚至没有了。当地人称之为“鳌鱼”。这种现象说明了外来的艺术形象到了中华大地上被逐渐地华化了，它们经过中国匠人的手，变得具有中华民族的特点。

正像人们喜欢戴美丽的帽子和少数民族

爱用绚丽的头饰一样，中国建筑的大屋顶也成了建筑的皇冠和装饰的重点。人们不满足屋顶上常用的龙、凤等类神兽的传统装饰内容，他们要求更多地表现自己的志趣和爱好。他们不顾朝廷颁布的制度和规范，将屋顶当做一个舞台，把他们喜欢的神话故事、历史典故，爱好的山水胜景、亭台楼阁，甚至生活中常见的瓜果花草统统搬了上来，让它们在高高的屋顶上大放异彩。这种现象集中地表现在一些地区性的祖庙、氏族宗祠和行业、地区的会馆等建筑上，因为人们往往通过这些建筑表现出一个氏族、一个行业、地区的荣耀和富贵，显示出自己的权势。比如在广州的陈家祠堂和佛山祖庙的屋顶上，我们可以见到“桃园结义”、“长坂坡”、“三探樊家庄”等历史故事和“断桥会”、“哪吒闹海”等神话传说的陶雕与泥塑，五彩缤纷，琳琅满目。

正因为屋顶装饰的内容大大丰富了，多样化了，所以原来局限在几条屋脊的顶端上安排装饰也很不适应要求了。在藏族、傣族的寺庙上，在正脊的中央安上了小的喇嘛塔；在四川灌县的二王庙，成都的宝光寺大殿上，不但正脊中央有宝塔、龙纹的装饰，而且原来限制在垂脊头上的小兽也纷纷爬到正脊上来了；广州陈家祠堂的屋顶正脊，为了容纳更多的装饰，把一层扩大为二层，下层安排了成组的人物故事、诗词、盆景，上层满排亭台楼阁，有单层、双层的房屋相列，有武将、儒生穿插其间，仿佛屋顶上飞来一条热闹的街景。屋顶垂脊上也不限于端部的小兽，傣族佛寺的正脊、

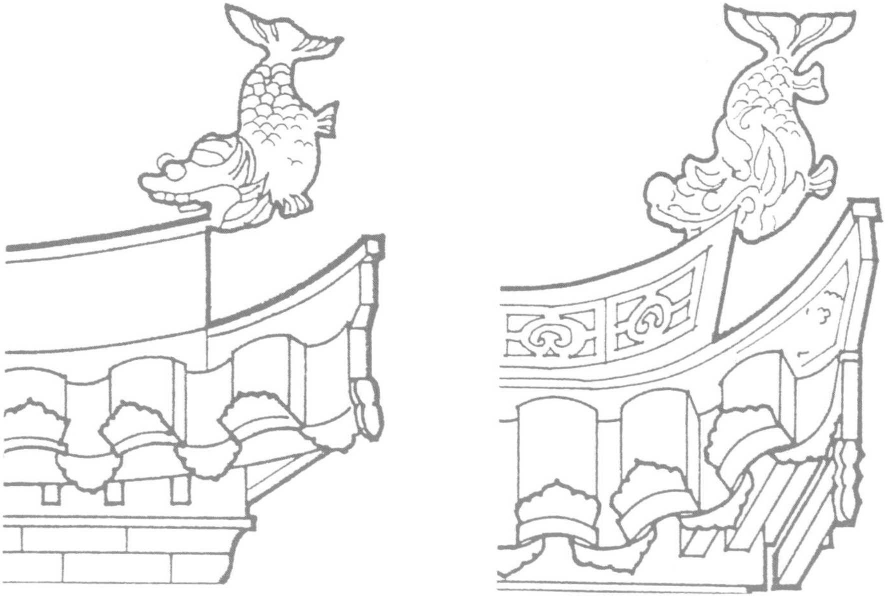

图6–7 屋脊上鳌鱼纹装饰

印度的摩羯纹传到中国，在不断使用中逐步演变为鳌鱼纹。除了在内容上它们都属于水中之精灵，很自然地会被用在屋脊上做装饰外，而且还说明了一种外来艺术传到本土后，往往会被改造成富有本土味的地方形式。

a

b

图6-8a,b 陈家祠堂屋顶上丰富的装饰

广州陈家祠堂屋顶上的装饰集中代表了当地装饰艺术的风格，它们用陶塑、泥塑、灰塑三种做法在屋顶上塑造出多种人物故事和动、植物装饰，内容丰富，琳琅满目。

a

b

图6-9 大殿屋顶上的装饰

二王庙、宝光寺大殿屋顶上的装饰都突破了官式建筑的常规，垂脊上的走兽爬上了正脊，正脊的中央用蟠龙、蝙蝠、小宝塔等的形象组成为重要装饰，屋面上也出现了人物和动物。

垂脊上几乎摆满了陶制的小卷草装饰，它们排列成行，仿佛是一圈项链挂在所有的屋脊上。为了充分显示屋顶装饰的效果，西藏许多寺庙把金色的法幢、金端安放在屋檐上。四川有的寺庙和祠堂，甚至把装饰放到屋面和中心，两员武将以屋顶为舞台，在屋面上演出了武打的场面。

瓦当和滴水是建筑檐部的重要装饰。中国建筑的屋顶多以筒瓦和仰瓦铺盖，檐部第一块用垂直面封住的筒瓦称瓦当，第一块附垂直面的仰瓦称滴水。从历史上留存下来的周代和秦、汉时期的瓦当看，它们的装饰不但出现得很早而且还颇具水平。瓦当上除了用动物、植物、几何图形外，还有许多是用文字来装饰的，文字的内容有建筑物的名称、年代和一些

图6-10 屋脊上彩塑装饰
在广东地区的重要祖庙、家祠建筑上，充分利用彩塑的特点，在屋脊上塑造出内容众多，形象复杂，色彩绚丽的装饰带，表现出百姓对祖宗的崇敬和求祖业兴旺的心愿。

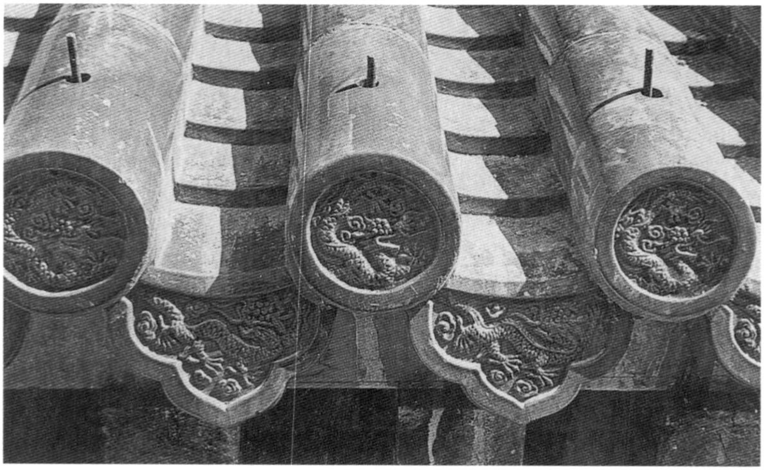

图6-11 屋顶装饰成为舞台/上图

二王庙大殿屋顶的周围有装饰丰富的屋脊作框景，鱼龙傲立于正脊两端，由奇禽异兽组成的装饰高耸于正脊中央，戏曲人物活跃于屋面上，这里的屋顶已经变成为一个舞台了。

图6-12 清代琉璃瓦的瓦当和滴水/下图

在皇家宫殿、寺庙建筑上，这种瓦当、滴水上多用龙纹作装饰，它们的形象定型化，以便于成批制造。

图6-13 瓦当艺术

秦、汉时期留存的瓦当不少，有几何纹、动植物纹和文字瓦当等各种式样。瓦当面积不大，但这些装饰都很重视纹样的造型与组合，构成了颇具水平的瓦当艺术。

吉祥语。这些装饰纹样在小小的瓦当上构图都十分考究，流露出时代的质朴之美，构成一种具有特殊风韵的瓦当艺术。

最初在屋顶上利用构造节点进行美的加工而形成的屋脊装饰，后来工匠们又将屋顶当做一个舞台，在上面表现出人们思想上多方面的信仰和生活中众多的情趣，同时也显示出工匠的高超技艺，使屋顶这个中国古建筑的重要部分，不仅代表了中国建筑的特征，同时也反映了古代丰富的民俗文化，增添了它的艺术价值。

七、美丽的山花

在硬山、悬山和歇山三种屋顶的侧面，形成了两个三角形的山面，这两个山面也是进行巧妙装饰的地方。

从悬山和歇山两种屋顶的山面看，它们的做法是檩子挑出山墙之外而形成出檐，为了保护这些檩子头不受雨水淋湿而在檩子外面钉上板，称“博风板”。博风板的接头一般都选在檩子的头上，为了遮挡和保护这些接缝，在这些檩子头上又加设了木板，对这些木板进行艺术加工就形成了山面上的装饰。在宋代《营造法式》中，称脊檩外面的木板为“垂鱼”，顾名思义，这里正好是山面顶部，左右两块博风板合尖之下，木板呈长条鱼形，鱼头朝下，似垂于山尖，故又称为“悬鱼”。但法式所戴垂鱼式样却由华纹与云头纹组成，在实际例子中，真正呈鱼形的也不多。沈阳故宫一座小门山花板上用的是一只正面蝙蝠嘴叼着一只花篮，形象也很生动。在云南傣族寺庙、民宅的

图7-1 悬鱼与惹草
宋《营造法式》中只规定了悬鱼、惹草的位置和它们的尺寸大小，但并没有说明它们的功能和名称之由来。在民间建筑中还能见到悬挂在博风板下的真正鱼形装饰，但惹草之名真不知由何而出。

a

b

图7-2 悬鱼装饰

这里的悬鱼装饰是由蝙蝠和花篮组成，
具有福气和美好的象征意义。

山花上，垂鱼由植物花草和几何纹组合，用整块木板镂刻而成，多呈狭长条形钉挂在山花顶部，它们的形象与陡峻的屋顶相配，显得轻巧而华丽。在脊檩以下的各根檩子头上，博风板的内侧也加钉了一块木板，它们的作用是进一步保护檩子头免遭日晒雨淋，宋《营造法式》称之为“惹草”，它的形象也是用华纹和云纹组成，所以从功能到式样和“惹草”这个名称都联系不

图7-3 几何纹悬鱼/左图

这里的悬鱼完全由几何纹组成，呈细长形，与尖陡的屋顶造型相协调。博风板用钉子钉在檩子上，钉子头上用木板垫托也成了一种装饰。

图7-4 山花装饰/右图

这里除了细长的悬鱼外，还有如意纹形的惹草装饰，此外在山花板上也有彩色绘制的花草纹饰。

图7-5 博风板头装饰

沈阳故宫小门上的博风板头用圆形图案作装饰，图案中有龙和云纹的雕饰。

图7-6 博风板上钉子头装饰
博风板上的钉子头也成了一种装饰，红色的博风金色的钉，七枚钉头排成梅花形，在高高的博风板上显得十分醒目。

上。这种惹草在傣族寺庙和山西少数寺庙上还能见到，它们的形式有用如意纹，有用卷草纹组成，无一定格式。博风板上除了垂鱼和惹草外，在它的尾端也多进行了美的加工，有做成菊花头等式样的，有用简单的曲线形的。在宫殿、陵墓等一些大型建筑上，山花的博风板很宽，完全遮挡了檩子头，不需要垂鱼和惹草了，它是靠铁钉钉在檩子头上的，这些露在博风板外面的钉子头被工匠加以利用，在每一个檩子头上用七枚钉子组成梅花形图案，一组组有规则地排列在博风板上，成了一种独特的装饰。在西双版纳地区的建筑上，常用一圆形花样木片作为钉子的垫板，也产生装饰的作用。在博风板上方，沿着屋脊还有一排和檐口一样的瓦当和滴水，称为

图7-7 山花上华丽而灵巧的装饰

这座山花上的博风板一反常规做法，而是由多块短木板叠接而成，在与檩子相连处有花形垫板作装饰，山花上绘有彩色的孔雀开屏图案，屋脊上有成排的卷草纹，把小小山面点缀得十分华丽而灵巧。

图7–8 故宫宫殿山花面装饰

这是北京宫殿建筑的山花面，上面有成排的勾头滴水，它们在博风板上方沿着与卷棚层顶相同的曲线排列成行，名义上是保护博风板免遭雨淋，实际上成了一种装饰。

图7-9 天安门歇山面的装饰

北京天安门是明、清两代皇城的大门，在面积很大的歇山面上满绘着金色的绶带和钱纹装饰，内容上象征着国家的丰盛，形式上金碧辉煌，增添了皇家建筑的气派。

"勾头滴水"，它们在这里变成为一种纯粹的装饰了。

如果是歇山屋顶，那么在博风板以下，坡屋面以上还有一块三角形的垂直山花面，工匠自然不会放过这块显眼的地方而不加装饰。在北京天安门等一些宫殿建筑的屋顶上，我们见到的是用圆形的钱纹和连绵不断的绶带组成花纹满铺山花，象征着国家的昌盛；在孔雀之乡的傣族房屋上自然更喜欢用孔雀的形象，正面端立的孔雀，张开着绚丽的翅膀，呈半圆形装饰着山花，它们和博风板上的垂鱼、惹草以及屋脊上成排的卷草，把小小的山花装点得多姿多彩。

八、绚丽的屋面

图8-1 乾清宫/上图

与紫禁城的其他宫殿建筑一样，用的是一色黄琉璃瓦，蓝绿色的檐下彩画，红色的门窗，白色的台基栏杆和灰黑的砖地，这蓝天黄瓦，红门绿画，白台灰地形成了强烈的色彩对比，增加了皇家建筑的表现力。

图8-2 北海永安寺屋顶/下图

虽然是供皇族使用的佛寺，但它地处园林之中，为了与周围园林环境相配，屋顶用了部分绿琉璃瓦，与黄瓦组成花纹，打破了一色黄屋顶的严肃和单一。

屋顶既然成了装饰的重要部位，那么它们除了进行总体的形象塑造、局部的装饰设计以外，也十分注意色彩的经营与处理。如果说中国宫殿建筑的总体色彩效果是鲜明和浓烈的话，那么它们的屋顶色彩在这里产生着重要的作用。北京紫禁城一片金黄色的屋顶，在蓝天的衬托下显得那么强烈和鲜亮，山花上金色的绶带和钱纹以及颗颗金钉，在红色的山花和博风板上也显得如此醒目和堂皇。人们会问，古代工匠何以想到要用这么大片的黄，用这么热烈的红和耀眼的金。《易经》上说："天玄而地黄"，在我国古代阴阳五行学说中，五色配五行也配五个方位，在五方中土居中，所以黄色为中央土地和正色。《易经》又说："君子黄中通理，正位居群，美在其中，而畅于四支，发于事业，美之至也。"故自古以来，黄色被当做正统之色，居于诸色之上，是最美的颜色，所以黄色袍服成了皇帝的御服，皇帝行经的道路称为黄道，黄色与皇帝联系在一起了。红色也是五色之一，人类认识红色很早，燧人氏钻木取火，人类开始知道熟食，这是一个了不起的进化，而火是红色；自然界太阳也是红色；所以红色广泛联系着人类的生活，它带给人以希望和温暖，因而也产生了一种美感。自古以来，红装代表着妇女的盛装；明朝规定，凡专送皇帝的奏本由内阁用朱书批发，称为红本；民间更以红色为喜庆之色，被大量用在婚、寿、生儿育女以及节日的民俗活动中。金，是一种稀贵的金属，色黄而带光

图8-3 苏州网师园/对面页
这是江南著名的私家园林，亭台楼阁，小桥流水，粉墙黛瓦，配以绿色树木，表现出江南园林特有的淡雅、平和的环境气氛。

泽，所以从物质价值与观赏价值两方面看，它都属于一种高贵的用料。如此看来，在紫禁城宫殿建筑上大量用黄色、红色与金色就是必然的了。古代的工匠们不但认识这几种颜色和含义，而且还善于巧妙地加以经营和组织，将黄色的琉璃瓦覆盖在大片屋顶上，使它们在蓝天对比色的衬托下显出耀眼的光彩；在大红底子上用金色装饰，使它们产生出一种十分鲜明的形式美；这种色彩效果使屋顶部分更加显示出在整个建筑中的重要位置了。

这种强烈的色彩当然并不适用于任何场所，所以在皇家的其他建筑上就作了不同的处理。在紫禁城宁寿宫花园里的一些亭子上，就在黄色琉璃瓦屋面的周边用了一圈绿色或者蓝色的琉璃瓦，称为绿剪边或蓝剪边；有的反过来用绿瓦黄剪边；北海琼华岛上的一组寺庙建筑也用了这种不同颜色瓦的剪边做法，使它们减少一点皇家宫殿的严肃性。紫禁城的文渊阁是存放《四库全书》和皇帝读书的地方，屋顶上特别用了黑琉璃瓦绿剪边，使建筑与四周的绿树叠石相和谐，形成一个比较平和幽静的环境。

西藏地区宫殿、寺庙屋顶上的法轮、卧鹿、法幢、金端都为铜造，外面镏金，有的如大昭寺的几座佛殿整个屋顶都是镏金的铜屋面，它们在西藏高原特有的蓝天衬托下，具有一种浓烈的装饰效果，这种效果和宫殿寺庙本身鲜明的色彩和宫殿寺庙绚丽的内景共同组成了宗教所要求表达的天国彼岸极乐世界的灿烂景象。

我们在南方一些园林建筑上，却看到另外一种屋顶色彩的景象。在这里，尽管屋顶的曲线很弯，屋角翘起得很高，屋脊上也带有活泼的装饰，但在色彩上却用了清一色的灰瓦与黑瓦，有时只在屋脊上涂白灰，起到在暗色屋面上产生提神的作用。这样单纯的色彩处理是和这类园林整体的风格相一致的。江南地区的文人小园，园主人所追求的是一种自然田园之美，需要的是平和的，雅致的色彩环境，粉壁、灰墙、褐色的梁架和门窗，只能配上单纯的灰黑屋顶，才能在绿色的植物山水环境中造成一种超凡脱俗的境界。

相反，在广州陈家祠堂、佛山祖庙的屋顶上，我们看到的是完全不同的色彩景象。出于对祖先业绩的炫耀和对世俗豪富生活的追求，主人要求建筑尽量表现出富丽与豪华，于是红色的狮子黄色的龙，白色的仙鹤灰色的鱼，文臣武将、仕人百姓都穿戴上各色服饰，再加上红花绿树，蓝白题字，繁杂的雕塑上涂上五色，令人眼花缭乱。

九、屋顶的组合

屋顶的组合含有两方面的意义，其一是指在一组建筑群中，各幢房屋不同形式的屋顶在群体中的组合；其二是指在一幢建筑之上使用不同式样的屋顶。

一组建筑群体，不论是中轴对称的宫殿还是灵活布置的园林，它们都由许多幢单体房屋所组成，这些房屋除了因功能要求的不同而在平面上有大小之别外，在造型上也注意创造出不同的形式以求得统一中又有变化。在造型手段中，很重要的一个方面就是屋顶式样的选择和应用。北京紫禁城前朝三大殿功能多有不同，太和殿是举行国家大典的地方，中和殿是皇帝上大朝之前的准备之地，保和殿为皇帝殿试的场所，它们共处在一个大台基之上，但屋顶却采用了不同的形式：太和殿自然用了最高级别的重檐庑殿顶；保和殿用了次一级的重檐歇山顶；中和殿平面呈方形，上面用了四角攒尖顶。这种攒尖屋顶本多用在园林里方形、圆

图9-1 北京紫禁城内的三大殿

太和殿、中和殿、保和殿，是宫城中最主要的三座宫殿，但为了求得统一中又有变化，在三座大殿上分别采用了重檐庑殿、单檐攒尖、重檐歇山三种不同的屋顶形式。

图9-2 承德普宁寺

前半部为汉传佛教建筑，后半部为藏传佛教建筑，中心为供奉大佛的大乘阁，体量高大而突出，四周有藏式日殿、月殿和多座小喇嘛塔，组成完整的建筑群。

形的亭子上，形式比较活泼，而作为严肃的三大殿之一的中和殿也大胆地采用这种形式的屋顶，目的是使这三座大殿在统一中又见变化。

河北承德普宁寺是一座喇嘛教寺庙，在它的后半部有一组很完整的藏式建筑群，它以大乘阁为中心，四周布置着日殿、月殿、白台等十余座小殿，这些小殿都用平屋顶和庑殿顶，唯独大乘阁用的是复合式屋顶，耸立在中央，显得十分突出。承德另一座普陀宗乘之庙的大红台，也可以看做一座由多幢建筑组合的群体，在以平屋顶为主的情况下，将平台上若干幢小殿冠以歇山、四角攒尖、八角攒尖等形式的屋顶，使整组建筑出现了高低错落，十分有变化的总体轮廓。

中国单幢建筑的平面整体而言比较简单，但是在某些特殊的情况下也出现一些变化，例如园林中有两个方形斜向交搭的小亭，有方形四面突出的十字形小阁，有成“冂”形的宫殿

图9-3 普陀宗乘之庙大红台
这是组合在一起的一组建筑群，其中建筑有平顶、歇山、攒尖、单檐、重檐等多式屋顶，它们有大有小，高低错落，构成十分丰富的总体形象。

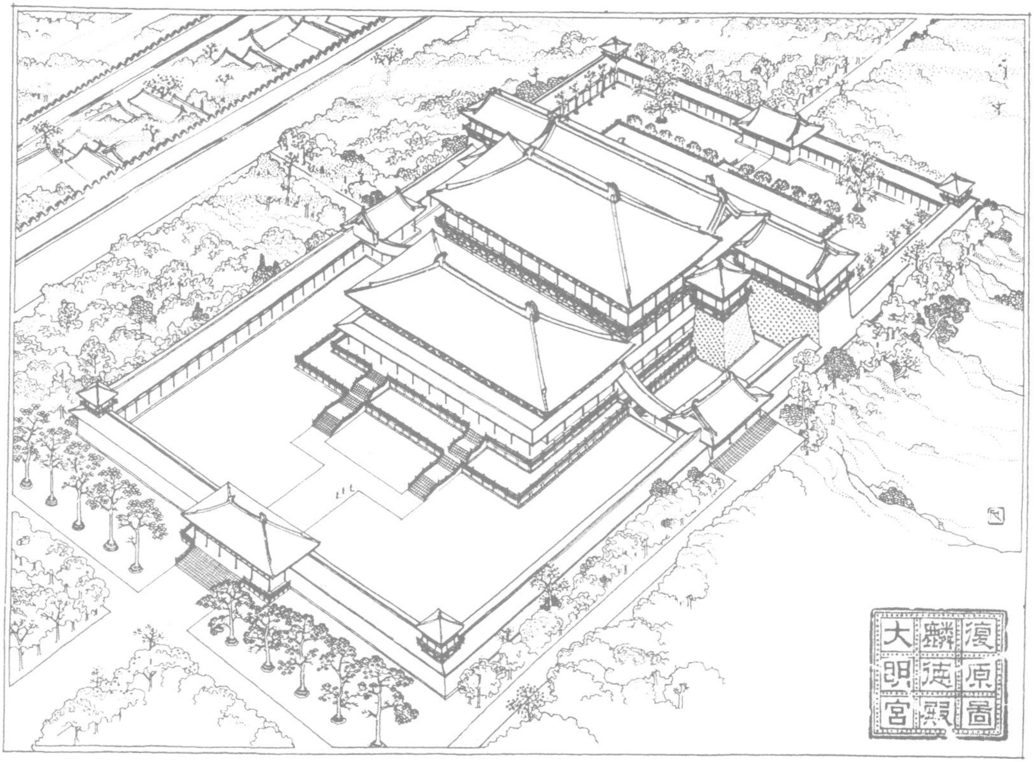

图9-4 唐代大明宫麟德殿复原图

这是根据考古发掘的遗址和有关文字资料绘制出来的。从这里可以看到在唐代已经有了由多种屋顶组合成的大型建筑了。

大门以及由矩形交叉组合的楼阁等，在这些建筑上的屋顶相应地产生了由多种屋顶组合的复杂形式。根据考古遗址复原的唐代大明宫麟德殿，平面并不复杂，但面积较大，所以在屋顶上用了两个庑殿，三个歇山，两个方形攒尖屋顶组合在一起。宋画上的黄鹤楼和滕王阁都是在不方整的平面上用多座大小不等的歇山屋顶纵横交叉而组合成复杂的形式，这些早期的间接资料说明我国很早就出现了多种屋顶组合的形式。在现存的古建筑中，大型的如紫禁城的午门，在“冂”形楼台上，中央大殿用重檐庑殿，四角阙楼用重檐四方攒尖，殿楼之间用两面坡的廊屋相连。承德普宁寺大乘阁平面并不复杂，在几道重檐之上用一大四小共五个四角攒尖顶组成复合式屋顶，极大地突出了它在建筑群中心的位置。云南傣族地区许多寺庙，平面方整但面积大，为了使体量过大的屋顶不显笨重和呆板，将四个坡面都分作几块，上下左

图9-5 北京紫禁城午门
这是宫城的大门，特别采用了“冂”形的阙门制，但在屋顶处理上却采用了几种不同式样的组合，使午门造型既隆重又不呆板。

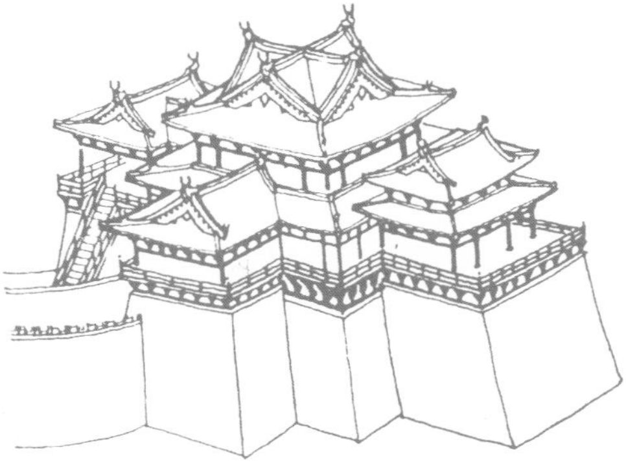

a　　宋画黄鹤楼

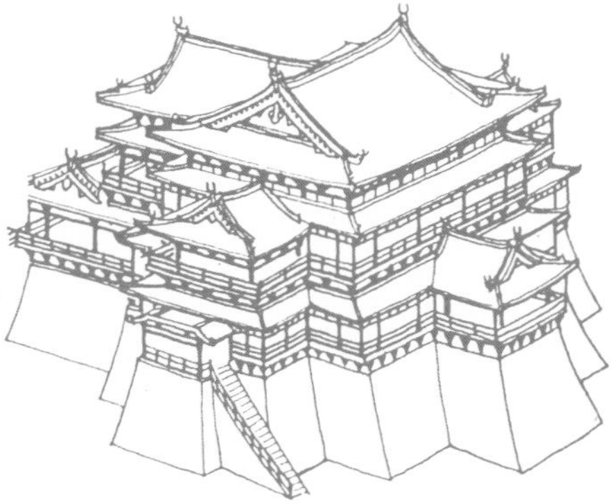

b　　宋画滕王阁

图9-6 黄鹤楼和滕王阁

都是位于江边的楼阁建筑，它们既是著名的观景建筑，同时又是这一环境中的重要景观，因而在造型上特别用了多种屋顶的组合，大小相间，高低交错，使楼阁总体形象既宏伟又不失华丽。

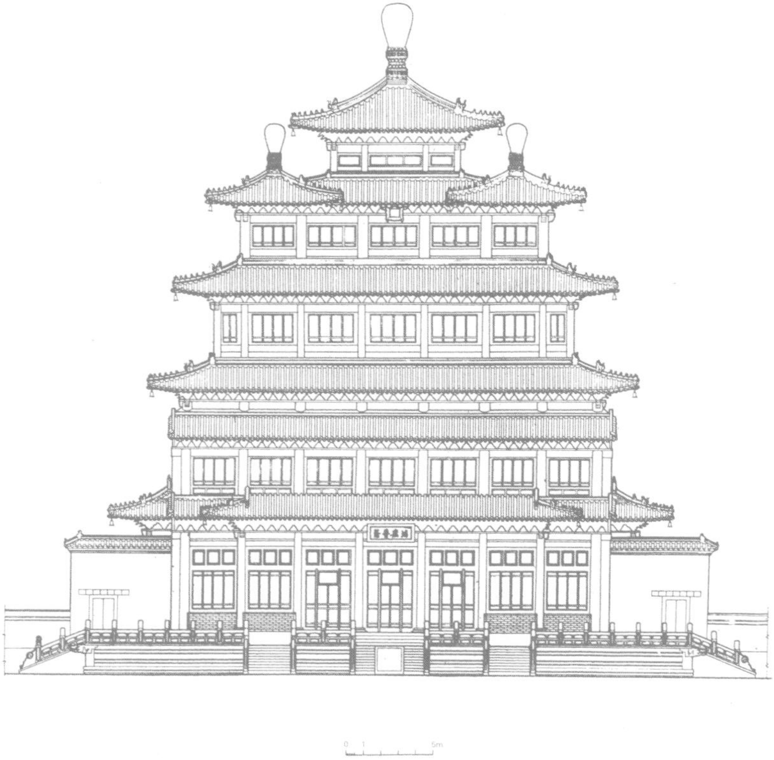

图9-7 普宁寺大乘阁装立面图

其内供奉着巨大的千手观音像，建筑体量很大，但在屋顶上采用了几层重檐，几座小顶相组合的形式，避免了巨大屋顶的笨重感，从而使楼阁造型在庞大中不失华丽。

右都跌落的形式，这样屋顶的正脊、垂脊、戗脊也都分成了几段，每一段的中央和顶端都有装饰。有的在大屋顶的中央部分还采用歇山屋顶十字相交，形成了仿佛是屋顶上面又加了一层阁楼，在这些建筑上，屋顶的变化已经成为艺术造型的主要手段了。

十、景真寺经堂和紫禁城角楼

把屋顶形象的塑造当做建筑艺术造型的重要手段，这种现象在云南景洪地区的一些佛寺中表现得十分突出。在一些四方形、八角形的亭子和小经堂上，用不同方向的悬山和歇山屋顶重叠交错在一起，组成为一个复合式的建筑顶冠。这些小亭、小堂，体量不大，但是它们却以屋顶奇特而又美丽的造型向人们宣扬佛国的崇高。这种奇特的屋顶造型在云南勐遮的景真寺经堂上表现得尤为出色，经堂面积不大，平面呈多折的亚字形，四边共十六个角，屋顶用悬山顶的山面，分八组分别在八个方向由下往上分层叠加，共分十层，每层高度向上递减，最后集中到屋顶中央的圆盘下；由十层屋顶组成的经堂轮廓线不是直线，而是下缓上陡的抛物线，由檐口往上直指圆盘上面的塔刹细竿；在八面十层共240条正脊和垂脊上布满了小装饰，在每一个悬山面上都有博风板和小钉板。这种多角攒尖形的整体造型，加上玲珑的装饰细部，使经堂的屋顶好似一朵盛开的多瓣花朵，在山坡佛寺的入口处，成了景真佛寺的标志，当地都称它为“八角亭”。

无独有偶，在宫殿建筑中也有这样复杂屋顶的艺术杰作，这就是北京紫禁城的角楼。角楼建在紫禁城墙上的四个角上，是作瞭望和警卫用的防卫性建筑，平面是在方形的四面凸出四个抱厦，呈不对称的十字形；屋顶为三重檐，最上一层由一个攒尖顶和四个歇山顶组合而成，四个歇山的山面朝外，中央有一个宝顶；中层屋顶是在四面的抱厦上用重檐歇山，对外两面的歇山顶是山面朝外，对内两面是正

图10-1 西双版纳地区寺庙

佛殿的面积都比较大，因而使屋顶也很高大，为了避免巨大屋顶的沉重感，多将屋面纵横分为几块，高低叠加的处理，在屋面的脊上每处都布满装饰，使庞大屋顶显得很有生气。

图10-2 楼阁式屋顶丛/后页

对寺庙佛殿庞大的屋顶作分块处理外，有的还将屋顶的中心部分拔高而组成楼阁式的屋顶丛，使大屋顶有了丰富的外形。

图10–3 西双版纳地区寺庙的小型经堂
常用悬山式、歇山式屋顶组合成复杂的屋顶形式，加上屋顶上的装饰和彩绘，使小小经堂成为一种象征宗教的艺术品。

a

b

图10-4 云南勐遮的景真寺经堂

该寺有佛殿、经堂、僧房等建筑，其中的经堂因造型特殊而著名。平面由四方形变为十六个角的“亞”字形，屋顶由简单的歇山顶组合成八组多达十层的复合式屋顶；经堂外墙绘有各式彩画，红底上有金色或白色的花纹；屋顶的每一个山面和每一条脊上都布满了各式装饰；使整个经堂变成为一座具有宗教内容的艺术品，坐落在寺庙门口，造型玲珑，色彩绚丽。

a

图10-5a,b 故宫角楼/本页和对面页

北京紫禁城的四座角楼素以造型灵巧华丽而著称。角楼的造型主要表现在屋顶的组合上，由简单的歇山式屋顶叠加交错而成为有10个山面，28个屋角，72条屋脊的复杂屋顶，在角楼上充分显示了我国古代工匠的高超技艺。

b

面朝外。经过这样的组合，使整座角楼屋顶出现了10个山面，28个屋角和72条纵横相连、多角交错的屋脊；多层屋顶全部覆以黄色琉璃瓦，最上面是镏金的宝顶，脊上有鸱吻和走兽，山花上有博风和金钉。四座角楼立在高耸的紫禁城城墙上，如同四颗灿烂的宝石，勾画出宫城的美丽的轮廓线。

无论是在民间的寺庙中还是在皇家的宫殿里，都有这种精彩的建筑屋顶，它们代表了我国古代建筑艺术的高度成就，它们是古代工匠给我们留下的建筑珍宝。

“中国精致建筑100”总编辑出版委员会

总策划：周　谊　刘慈慰　许钟荣

总主编：程里尧

副主编：王雪林

主　任：沈元勤　孙立波

执行副主任：张惠珍

委员（按姓氏笔画排序）

王伯扬　王莉慧　田　宏　朱象清　孙书妍
孙立波　杜志远　李建云　李根华　吴文侯
辛艺峰　沈元勤　张百平　张振光　张惠珍
陈伯超　赵　清　赵子宽　咸大庆　董苏华
魏　枫

图书在版编目（CIP）数据

屋顶／楼庆西撰文／摄影. —北京：中国建筑工业出版社，2013.10（2022.9重印）
（中国精致建筑100）
ISBN 978-7-112-15733-4

Ⅰ.①屋… Ⅱ.①楼… Ⅲ.①古建筑-屋顶-建筑艺术-中国-图集 Ⅳ.①TU-092.2

中国版本图书馆CIP数据核字（2013）第189348号

责任编辑：董苏华 张惠珍 孙立波
技术编辑：李建云 赵子宽
图片编辑：张振光
美术编辑：赵 清 康 羽
书籍设计：瀚清堂·赵 清 周伟伟 康 羽
责任校对：张慧丽 陈晶晶 关 健
图文统筹：廖晓明 孙 梅 骆毓华
责任印制：郭希增 臧红心
材料统筹：方承艺

中国精致建筑100

屋顶

楼庆西 撰文/摄影

中国建筑工业出版社出版、发行（北京西郊百万庄）
各地新华书店、建筑书店经销
南京瀚清堂设计有限公司制版
北京富诚彩色印刷有限公司印刷

开本：889×710毫米 1/32 印张：3 插页：1 字数：125千字
2015年9月第一版 2022年9月第二次印刷
定价：**48.00**元
ISBN 978-7-112-15733-4
（24323）